Welsh Whisperer

LLYFR PEIRIANNAU'R FFERM

Diolch o galon i bawb o bob oed sydd wedi fy nghefnogi dros y ddegawd ddiwethaf, gan obeithio bydd y llyfr hwn yn pleisio plant y wlad a thu hwnt!

Diolch i Gareth Pritchard Jones am ei holl gyngor amaethyddol ac am gael mynd i'w fferm i dynnu lluniau.

Welsh Whisperer
LLYFR PEIRIANNAU'R FFERM

Argraffiad cyntaf: 2024

© Hawlfraint Welsh Whisperer a'r Lolfa Cyf., 2024

© Hawlfraint lluniau: Siôn Tomos Owen

© Hawlfraint ffotograffau: Morgan Owen

Mae hawlfraint ar gynnwys y llyfr hwn ac mae'n anghyfreithlon llungopïo neu atgynhyrchu unrhyw ran ohono trwy unrhyw ddull ac at unrhyw bwrpas (ar wahân i adolygu) heb gytundeb ysgrifenedig y cyhoeddwyr ymlaen llaw

Rhif Llyfr Rhyngwladol: 978-1-80099-558-1

Dymuna'r cyhoeddwyr gydnabod cymorth ariannol
Cyngor Llyfrau Cymru

Cyhoeddwyd ac argraffwyd yng Nghymru
ar bapur o goedwigoedd cynaliadwy gan:
Y Lolfa Cyf., Talybont, Ceredigion SY24 5HE
e-bost ylolfa@ylolfa.com
gwefan www.ylolfa.com
ffôn 01970 832 304

FFEIL O FFEITHIAU'R WELSH WHISPERER

Sbageti ydy fy hoff fwyd

Fy hoff le i ydy Sioe Frenhinol Cymru, Llanelwedd

Oren a gwyrdd ydy fy hoff liwiau

Dwi'n hoffi dweud 'Gwd thing!', 'Fflat owt!' ac 'Ie boi!'

Dwi'n mwynhau darllen, beicio a chwarae'r acordion

Dwi wedi teithio i bob ardal o Gymru i ganu neu siarad ar y teledu

Fy mreuddwyd ydy gallu canu tan fy mod i'n 80!

Mae gen i gi bach o'r enw Tecwyn

Dwi'n dod o Sir Gaerfyrddin ond dwi'n byw yng Ngwynedd erbyn hyn

Dydw i ddim yn hoffi cacen pen-blwydd

Gwd Thing!

TRACTOR

- <u>Peiriant</u> mawr ydy tractor sy'n gallu cario, tynnu a gwthio pethau trwm
- Mae'r olwynion mawr a'r teiars <u>trwchus</u> yn helpu'r tractor i symud drwy'r mwd
- Y tractors mwyaf <u>poblogaidd</u> yn y wlad hon ydy rhai gwyrdd (John Deere), rhai coch (Massey Ferguson) a rhai glas (New Holland). Beth ydy dy hoff dractor di?

Geirfa
Peiriant – Machine
Trwchus – Thick
Poblogaidd – Popular

A wyddost ti?
Cyn y tractor, roedd ffermwyr yn defnyddio ceffylau i gario ac i dynnu offer trwm!

Sgania'r cod i wrando ar fy nghân 'Tractor yn y Mwd'.

ARADR / GWÎDD

- Cyn tyfu cnydau newydd mae'n rhaid troi'r pridd gydag aradr
- Ar ôl troi'r tir bydd y ffermwr yn plannu hadau
- Grawn, ffrwythau neu lysiau mae llawer o ffermwyr yn ei dyfu

Geirfa
Aradr – Plough
Cnydau – Crops
Plannu – Plant
Hadau – Seeds
Grawn – Grain

A wyddost ti?
Mae pobl wedi bod yn defnyddio aradr ers tua 4000 o flynyddoedd!

Gwybodaeth glyfar
Mae sawl math gwahanol o rawn. Gwenith, corn neu haidd mae llawer o ffermwyr yn ei dyfu.

RHOLER

- Mae sawl gwahanol fath o roler – rhai <u>llyfn</u> sy'n gwneud y ddaear yn fwy <u>gwastad</u> a rhai gyda <u>phigau</u> sy'n torri <u>talpiau</u> caled o bridd

- Mae'n bwysig torri'r pridd fel bod aer, dŵr a maeth yn mynd yn ddyfnach i'r ddaear sy'n helpu cnydau i dyfu

- Mae rholeri hefyd yn helpu i gael gwared ar byllau dŵr ar ôl glaw trwm

Geirfa
Rholer – Roller
Llyfn – Smooth
Gwastad – Flat
[P]igau – Spikes
Talpiau – Chunks

A wyddost ti?
Mae'n rhaid i blanhigion gael aer, haul a dŵr i dyfu.

Gwybodaeth glyfar
Ocsigen ydy enw'r aer sydd ei angen ar gnydau a phlanhigion i dyfu.

DRIL HAU

- Peiriant sy'n hau hadau yn y pridd ydy dril hau
- Tractor sy'n tynnu'r dril hau
- Mae'n gwneud yn siŵr fod yr hadau yn ddigon pell o'i gilydd er mwyn gallu tyfu'n iawn

Geirfa
Dril hau – Seeding drill
Gwenith – Wheat
Haidd – Barley

A wyddost ti?
Mae'r dril hau yn taflu pridd dros yr hadau i wneud yn siŵr nad ydy'r anifeiliaid yn eu bwyta.

Gwybodaeth glyfar
Mae gwenith yn cael ei ddefnyddio i wneud blawd tra mae haidd yn cael ei ddefnyddio i wneud alcohol.
   Mae'r ffermwyr hefyd yn cadw haidd a chorn i fwydo'r anifeiliaid dros y gaeaf.

COMBEIN

- Peiriant <u>enfawr</u> ydy'r combein sy'n torri cnydau grawn fel gwenith, haidd neu gorn
- Mae'r grawn yn cael ei chwythu o'r combein i drelar ac mae'r coesyn yn cael ei chwythu yn ôl ar y tir
- Mae'r ffarmwr yn eistedd mewn sedd uchel iawn ar ben y combein i weld popeth

Geirfa
Combein – Combine
Enfawr – Enormous
Gwellt – Straw

A wyddost ti?
Mae tu blaen combein tua'r un maint â bws ysgol!

Gwybodaeth glyfar
<u>Gwellt</u> yw'r enw ar y coesyn sy'n cael ei chwythu yn ôl ar y tir.

CWIS

1. Pam fod angen olwynion mawr ar dractor?

2. Beth ydy enw ci bach y Welsh Whisperer?

Cwestiwn clyfar
Wyt ti'n gallu enwi 3 math o rawn?

3. Sut oedd ffermwyr yn tynnu peiriannau cyn y tractor?

Wyt ti'n cofio'r atebion i'r cwestiynau yma?

4. Beth mae ffermwyr yn ei dyfu?

5. Beth ydy hoff liwiau'r Welsh Whisperer?

BELAR GWELLT

- Mae'r belar yn gwasgu gwellt i greu bêls bach neu fawr
- Dros y gaeaf, bydd anifeiliaid y fferm yn bwyta'r bêls neu mae'n cael ei roi ar lawr y sied yn wely iddyn nhw
- Mae ffermwyr yn cadw'r bêls mewn sied er mwyn eu cadw'n sych

Sgania'r cod i wrando ar fy nghân 'Ni'n beilo nawr'.

Geirfa
Belar – Baler
Gwasgu – Squeeze
Bêls – Bales

A wyddost ti?
Mae un bêl mawr yn gallu bwydo tua 20 o wartheg mewn diwrnod!

PERIANT TORRI GWAIR

- Yn lle tyfu grawn, mae rhai ffermwyr yn tyfu gwair
- Mae ffermwyr yn torri'r gwair gyda pheiriant tu ôl i dractor
- Mae llafnau miniog sy'n troi gan y peiriant torri gwair

Geirfa
Peiriant torri gwair – Mower
Llafnau – Blades
Miniog – Sharp

A wyddost ti?
Dim ffermwyr yn unig sy'n defnyddio peiriant torri gwair – mae pobl yn defnyddio rhai bach yn yr ardd hefyd!

Sgania'r cod i wrando ar fy nghân 'Ar y Gwair'.

PEIRIANT CHWALU GWAIR

- Ar ôl torri'r gwair, mae angen ei chwalu unwaith neu ddwywaith fel ei fod yn sychu
- Wedyn, bydd yn rhaid defnyddio <u>cribyn</u> i <u>sgubo</u>'r gwair mewn rhesi taclus ar y cae
- Ar ôl iddo sychu, mae'r ffermwyr yn casglu'r gwair a'i gadw'n fwyd i'r anifeiliaid

A wyddost ti?
Mae angen tywydd sych ar y ffermwyr i wneud y gwaith yma neu mae'r gwair yn rhy wlyb i'r peiriant.

Geirfa
Peiriant chwalu gwair – Tedder
Cribyn – Rake
Sgubo – Sweep
Ansawdd – Quality
Maeth – Nutrition

Gwybodaeth glyfar
Os bydd y gwair yn cael ei chwalu ormod o weithiau, gall ddifetha <u>ansawdd</u> y gwair, drwy ladd planhigion gwyllt. Mae'r planhigion gwyllt yma yn rhoi <u>maeth</u> i'r anifeiliaid.

PEIRIANT CODI GWAIR

- Dyma beiriant sy'n casglu'r gwair a'i dorri yn ddarnau mân
- Mae <u>pibell</u> ganddo sy'n chwythu'r darnau yma o wair i drelar mawr
- Mae'r ffermwyr yn gwagio'r gwair i domen a'i <u>orchuddio</u> gyda phlastig

Geirfa
Peiriant codi gwair – Forage harvester
Pibell – Pipe
[G]orchuddio – Cover
Silwair – Silage
[L]lwydo – Musty

A wyddost ti?
<u>Silwair</u> mae ffermwyr yn galw'r gwair sydd wedi'i gadw mewn tomen i fwydo'r anifeiliaid.

Gwybodaeth glyfar
Mae'n bwysig gorchuddio'r domen silwair gan fod ocsigen yn gwneud iddo <u>lwydo</u> a difetha.

TRELAR

- Mae'r trelar yn gallu cario pob math o bethau, o gnydau i anifeiliaid
- Cerbyd pwerus fel pickup neu dractor sy'n tynnu trelar
- Dim ffermwyr yn unig sy'n defnyddio trelars – maen nhw'n cael eu defnyddio i gario <u>nwyddau</u> adeiladu, sbwriel, <u>dodrefn</u>, ceir a chychod

Geirfa
Trelar – Trailer
Nwyddau – Merchandise
Dodrefn – Furniture
Enwocaf – Most famous

Gwybodaeth glyfar
Mae'n rhaid i drelar gael yr un plât rhif ar y cefn â'r cerbyd sy'n ei dynnu.

A wyddost ti?
Mae rhai o'r trelars <u>enwocaf</u> yn y byd yn dod o Gymru! Wyt ti wedi gweld trelars Ifor Williams?

Mae 6 gwahaniaeth rhwng y lluniau uchod. Rho gylch o amgylch pob un.

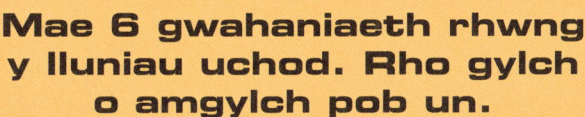

PARLWR GODRO

- Bob dydd, mae gwartheg yn cael eu godro mewn sied arbennig o'r enw parlwr a bydd lori yn casglu'r llaeth o'r fferm
- Mae <u>clystyrau</u> yn sugno llaeth o <u>bwrs</u> y fuwch i danc oer
- Mae'n cymryd rhwng 5 a 7 munud i odro un fuwch

Geirfa
Parlwr gordro – Milking parlour
Clystyrau – Clusters
[P]wrs – Udder
Cyhyrau – Muscles

A wyddost ti?
Mae yfed llaeth yn helpu i gadw ein dannedd, ein <u>cyhyrau</u> a'n hesgyrn yn gryf.

Sgania'r cod i wrando ar fy nghân 'Loris Mansel Davies'.

PERIANT GWERTHU LLAETH

- Mae gan rai ffermwyr beiriannau gwerthu llaeth ar y fferm
- Dim llaeth yn unig maen nhw'n ei werthu ond <u>ysgytlaeth</u>, wyau a <u>chynnyrch lleol</u>
- Mae'r llaeth yma'n llawer mwy ffres na llaeth o'r siop

Geirfa
Peiriant gwerthu – Vending machine
Ysgytlaeth – Milkshake
[C]ynnyrch lleol – Local produce
Pasteureiddio – Pasteurize

Gwybodaeth glyfar
Mae'r ffermwyr yn <u>pasteureiddio</u> llaeth eu hunain ar y fferm er mwyn lladd bacteria.

A wyddost ti?
Oeddet ti'n gwybod dy fod di'n gallu cael ysgytlaeth blas bubblegum, popcorn neu gandi-fflos?

CWIS

Beth sy'n cael ei ddefnyddio i gasglu'r gwellt mewn rhes ar ôl ei chwalu?

1) Cribyn
2) Bwced
3) Rhaw
4) Torrwr gwair

Ble mae'r gwartheg yn cael eu godro?

1) Yn yr ysgol
2) Yn y cae
3) Ar y clos
4) Yn y parlwr

Cwestiwn clyfar
Pam fod ffermwyr yn pasteureiddio eu llaeth?

Tua sawl buwch mae bêl mawr yn gallu ei bwydo?

1) 150
2) 20
3) 5
4) 60

Wyt ti'n gallu ateb y cwestiynau yma? Rho gylch o amgylch yr atebion cywir.

LLWYTHWR TELESGOPIG

- Cerbyd sy'n gallu codi pethau trwm yn uchel iawn
- Mae ganddo fraich hir sy'n <u>ymestyn</u> yn bell
- Mae ffermwyr yn defnyddio'r llwythwr i godi pethau fel <u>paledi</u>, bêls a llawer mwy

Geirfa
Llwythwr telesgopig – Telehandler
Ymestyn – Extend
Paledi – Pallets

A wyddost ti?
Mae rhai llwythwyr yn gallu codi 5000kg – yr un pwysau ag eliffant!

Sgania'r cod i wrando ar fy nghân 'Bois y JCB'.

WAGEN FWYDO

- Peiriant sy'n helpu i fwydo'r anifeiliaid yn gyflymach ydy wagen fwydo
- Mae'n cymysgu bwydydd iach fel silwair, gwair a grawn gan ei wneud yn fwy blasus
- Mae'n gwella iechyd yr anifeiliaid ac yn gwella ansawdd y cig

Geirfa
Wagen fwydo – Feeder wagon
[T]reulio – Digest

A wyddost ti?
Mae gwartheg yn bwyta tua 10kg o fwyd bob dydd, sydd yr un pwysau â theiar car!

Gwybodaeth glyfar
Mae gan wartheg 4 rhan i'w stumog. Dydyn nhw ddim yn cnoi eu bwyd yn iawn felly mae'n rhaid mynd trwy broses dreulio arbennig i dorri'r bwyd i lawr.

SKID STEER

- Math o dractor bach sy'n symud ar olwynion neu draciau ydy'r skid steer
- Ei waith pwysicaf ydy gwthio a symud baw oddi ar lawr y sied neu'r <u>clos</u> gyda <u>sgraper</u>
- Mae'n bosib rhoi bwced ar y tu blaen i gario nwyddau neu raw i <u>gloddio</u>

Geirfa
Clos – Yard
Sgraper – Scraper
[C]loddio – Dig
Llusgo – Drag
Ystwyth – Agile

A wyddost ti?
Dydy olwynion y skid steer ddim yn newid cyfeiriad, ond yn <u>llusgo</u> o un ochr i'r llall!

Gwybodaeth glyfar
Math poblogaidd o skid steer ydy Bobcat sydd wedi cael ei enwi ar ôl cath gyflym, <u>ystwyth</u> a chaled.

PIT SLYRI

- Pwll enfawr yn llawn baw anifeiliaid ydy pit slyri
- Mae'r ffermwyr yn storio'r slyri yn y pwll am amser hir
- Pan mae'n barod, mae'r slyri yma yn cael ei roi ar y caeau fel gwrtaith i helpu cnydau i dyfu

Geirfa
Pit slyri – Slurry pit
Gwrtaith – Fertilizer
Nwyon – Gases
Gwenwynig – Poisonous

A wyddost ti?
Y pit slyri ydy un o'r llefydd mwyaf peryglus ar y fferm – mae'n rhaid cadw draw bob tro!

Gwybodaeth glyfar
Mae'r slyri yn cael ei dorri lawr gan facteria sy'n cynhyrchu nwyon gwenwynig.

TANCER SLYRI

- Peiriant sy'n cario slyri ydy tancer slyri
- Mae ganddo bibell sy'n gwasgaru'r slyri ar hyd y caeau
- Rhaid gwasgaru'r slyri pan fydd hi'n sych rhag ofn iddo lifo i'r afonydd

Geirfa
Tancer slyri – Slurry tanker
Gwasgaru – Spread
Ffroenau – Nostrils
Adeiladwyr – Builders

A wyddost ti?
Pan fydd rhywun yn gwasgaru slyri, bydd arogl wyau cryf yn llenwi dy ffroenau. Ych!

Gwybodaeth glyfar
Dim ffermwyr yn unig sy'n defnyddio tanceri slyri. Mae adeiladwyr yn eu defnyddio i gymysgu sment a dŵr.

GATOR

- Mae gator fel car bach sy'n gallu mynd o amgylch y caeau ym mhob tywydd
- Mae'n gallu teithio trwy fwd, dros gerrig ac i fyny bryniau serth
- Cario nwyddau o un lle i'r llall a chario bwyd i'r anifeiliaid ydy prif waith gator

Geirfa
Serth – Steep
[C]yfforddus – Comfortable
[G]wregys dioglewch – Safety belt
[C]awell rholio – Roll cage

A wyddost ti?
Mae gator yn gallu teithio tua 20 milltir yr awr – yr un cyflymder ag arth!

Gwybodaeth glyfar
Mae'r gator yn ffordd gyfforddus a diogel i deithio o amgylch y fferm. Mae ganddyn nhw wregys diogelwch a chawell rholio.

TRYC PICKUP

- Tryc <u>pwerus</u> gyda lle i gario pethau yn y cefn ydy pickup
- Maen nhw'n gallu tynnu trelars i symud pethau trwm fel anifeiliaid, <u>offer</u> neu fêls gwair
- Mae nifer o ffermwyr yn eu defnyddio nhw ar y fferm a hefyd fel car i fynd i'r ysgol neu i'r siop

Geirfa
Pwerus – Powerful
Offer – Equipment
[D]ylunio – Designed

A wyddost ti?
'Ford' ydy'r pickup mwyaf poblogaidd yn y byd. Beth ydy dy hoff pickup di?

Gwybodaeth glyfar
Cafodd yr enw 'pickup' ei roi ar y cerbyd hwn oherwydd ei fod wedi cael ei <u>ddylunio</u> i gasglu a symud nwyddau.

BEIC CWAD

- <u>Cerbyd</u> sy'n helpu ffermwyr i deithio o amgylch eu tir ydy beic cwad
- Mae ganddo bedair olwyn â theiars trwchus
- Mae'n rhaid gwisgo offer <u>diogelwch</u> wrth yrru beic cwad – helmed, gogls a menig

Geirfa
Cerbyd – Vehicle
Diogelwch – Safety

A wyddost ti?
Mae'r beiciau yma yn gallu teithio dros gerrig, mwd, tywod, eira – a hyd yn oed drwy afonydd bach!

Sgania'r cod i wrando ar fy nghân 'Defaid William Morgan'.

CYFFGLO

- Math o gorlan ydy cyffglo i gadw'r anifeiliaid yn llonydd
- Mae ffermwyr yn rhoi anifeiliaid mewn cyffglo er mwyn torri eu carnau, rhoi marc ar eu cefnau neu i roi dos iddynt
- Mae cyffglo yn cadw'r ffermwyr a'r anifeiliaid yn ddiogel

Geirfa
Cyffglo – Crush
[C]orlan – Pen
Milfeddyg – Vet
Brechu – Inject

A wyddost ti?
Roedd ffermwyr ers talwm yn adeiladu cylchoedd cerrig i gadw'r anifeiliaid mewn un lle.

Gwybodaeth glyfar
Bydd milfeddyg yn rhoi gwartheg mewn cyffglo er mwyn eu brechu rhag heintiau.

ATEBION Y CWIS CYNTAF

1. Pam fod angen olwynion mawr ar dractor?

   Mae'r olwynion mawr a theiars trwchus yn helpu'r tractor i symud drwy'r baw.

2. Beth ydy enw ci bach y Welsh Whisperer?

   Tecwyn.

3. Sut oedd ffermwyr yn tynnu peiriannau cyn y tractor?

   Roedd ffermwyr yn defnyddio ceffylau i gario ac i dynnu offer trwm.

4. Beth mae ffermwyr yn ei dyfu?

   Cnydau – ffrwythau/ llysiau/ grawn

5. Beth ydy hoff liwiau'r Welsh Whisperer?

   Gwyrdd ac oren.

Gobeithio wnest ti ddarllen yn ofalus!

Cwestiwn clyfar
Wyt ti'n gallu enwi 3 math o rawn?

Gwenith
Corn
Haidd

ATEBION YR AIL GWIS

Beth sy'n cael ei ddefnyddio i gasglu'r gwellt mewn rhes ar ôl ei chwalu?

1) (Cribyn)
2) Bwced
3) Rhaw
4) Torrwr gwair

Ble mae'r gwartheg yn cael eu godro?

1) Yn yr ysgol
2) Yn y cae
3) Ar y clos
4) (Yn y parlwr)

Tua sawl buwch mae bêl mawr yn gallu ei bwydo?

1) 150
2) (20)
3) 5
4) 60

Sawl cwestiwn wyt ti wedi'i ateb yn gywir?

Cwestiwn clyfar
Pam fod ffermwyr yn pasteureiddio eu llaeth?

I ladd bacteria

MWY O GANEUON Y WELSH WHISPERER

Sgania'r cod i wrando ar fy nghân 'Cadw'r Slac yn Dynn'.

Sgania'r cod i wrando ar fy nghân 'Ni yw Bois y Wlad'.

Sgania'r cod i wrando ar fy nghân 'Mae'r Ceffyl Eisiau Dŵr'.

Sgania'r cod i wrando ar fy nghân 'Mae Dafydd Iwan Yma o Hyd'.

Hefyd gan y Lolfa:

£4.99

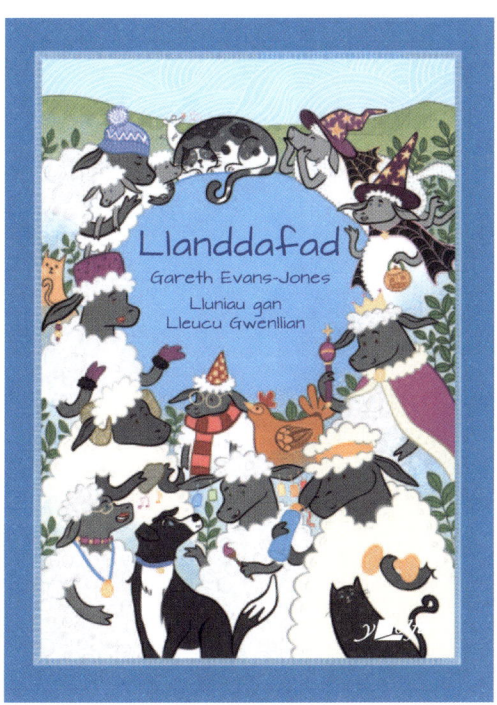

£8.99

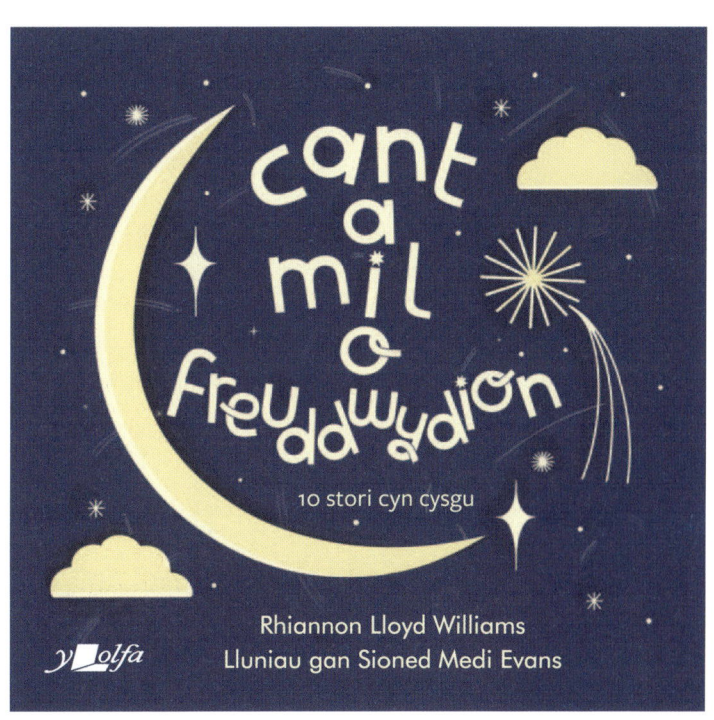

£8.99